科普漫畫系列

趣味漫畫十萬個為什麼

地球篇

洋洋兔 編繪

新雅文化事業有限公司
www.sunya.com.hk

叔叔

十分博學，無論什麼樣的問題都能給予答案。他也很愛幻想，總覺得自己有一天能成為超級英雄。

布拉拉

來自誇啦啦星系的外星人，因為飛船出現故障被迫降落地球，被這個神奇而美麗的星球吸引住了，於是寄住在小淘家學習地球的文化。

一個外星人的奇遇

布拉拉在太空漫遊時，不小心迷失了方向，撞到了地球上（實際上是不好好學習自己星系的文化，被踢出來的）。他被地球美麗的景色所吸引，於是決定定居下來，開始拚命地學習地球文化……

啊……
救命啊！
這是什麼
怪物?!

劈一

轟！

這怪東西居然會
發電?!

痛死了！

站住！

可惡，把車賠給我們！

布拉拉就這樣被留在地球上……

做快點！你要做25年家務，才能還清欠我們的買車錢！

我真命苦啊……

目錄

為什麼說地球像個「大磁鐵」?

這是什麼地方?我們不是要去南方的沙灘嗎?

外星人,你到地球這麼長時間了,還分不清方向嗎?

當然是地球的磁場在指引它呀!讓我來告訴你什麼是地球磁場吧!

不用怕,我有指南針,它會告訴我們南方在哪裏!

好神奇啊!它是怎樣知道的?

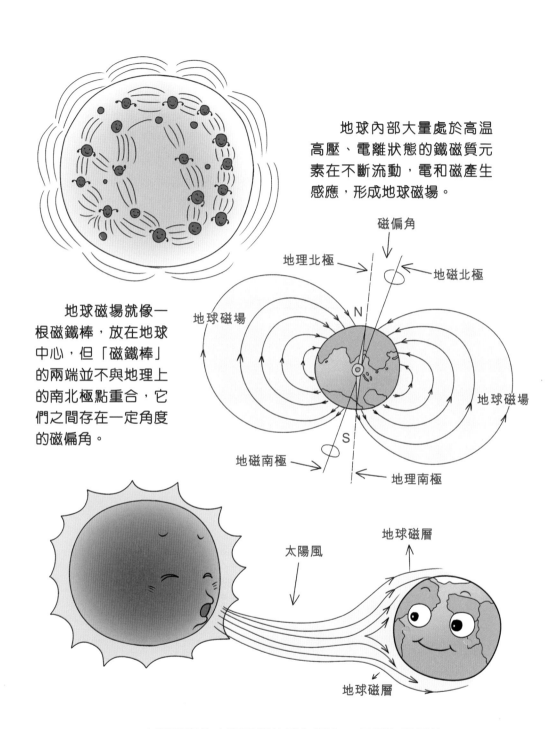

地球內部大量處於高溫高壓、電離狀態的鐵磁質元素在不斷流動，電和磁產生感應，形成地球磁場。

磁偏角

地理北極

地磁北極

地球磁場

N

地球磁場

地球磁場就像一根磁鐵棒，放在地球中心，但「磁鐵棒」的兩端並不與地理上的南北極點重合，它們之間存在一定角度的磁偏角。

S

地磁南極

地理南極

太陽風

地球磁層

地球磁層

太陽發出的太陽風將地球包圍在一個稱為磁層的磁場區域內，地球磁場在這個範圍內發生作用。

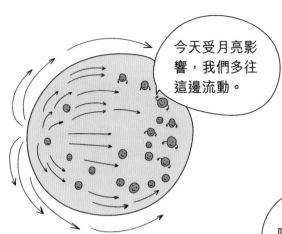

今天受月亮影響，我們多往這邊流動。

科學家發現地球磁極是不斷變化的。這是因為地球內部的鐵磁質元素處於不斷流動的狀態，並時刻受到太陽和月亮的引力影響。

嗯嗯！我的星球也有大磁場！

難怪我總聽人說地球像個大磁鐵！原來真的有自己的磁場呢！

不只地球，很多星球都有磁場呢！

你們怎麼還不開車呢？

對不起！對不起！我們馬上走！

為什麼南北半球的季節不同？

那麼你去新西蘭吧！那邊比較涼快。

好熱啊！

我在新西蘭的網友說他們正在放寒假。

為什麼？

因為南北半球的季節是相反的。

天氣這麼熱，為什麼會放寒假呢？

為什麼？

快告訴我為什麼！

你到底有多少個為什麼？

地球公轉的軌道面稱為黃道面。黃赤交角是黃道平面和赤道平面的交角。

北極
北回歸線
太陽光
黃道平面
黃赤交角
赤道平面
太陽光
南回歸線
太陽光
南極

由於地軸是傾斜的，因此地球自轉的赤道面和公轉的黃道面有一個角度差，而且地球在公轉的時候也在不停地自轉，這就造成太陽的直射點會在南、北回歸線之間來回移動。

太陽只能照到半個地球球面，所以當太陽直射點在南北回歸線之間移動時，北半球和南半球的季節也就發生了變化。這就把地球分成了：北寒帶、北溫帶、熱帶、南溫帶、南寒帶。

我們四個是一家人，都是地球中重要的成員。

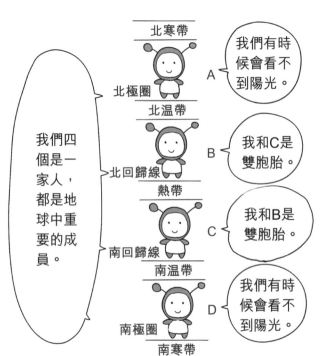

北寒帶
北極圈
北溫帶
北回歸線
熱帶
南回歸線
南溫帶
南極圈
南寒帶

A 我們有時候會看不到陽光。

B 我和C是雙胞胎。

C 我和B是雙胞胎。

D 我們有時候會看不到陽光。

春分之後，太陽直射點北移，北半球得到的熱量變多，白晝變長，進入夏半年（一年中氣溫較高的半年）；同時南半球得到的熱量變少，白晝變短，進入冬半年（一年中氣溫較低的半年）。

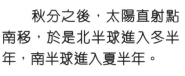

很冷呢！

秋分之後，太陽直射點南移，於是北半球進入冬半年，南半球進入夏半年。

輪到你用了！

布拉拉，現在知道了吧？

嗯，我們現在就出發去新西蘭！

先把維修汽車的錢賠給我再說吧！

地球真的是圓的嗎？

南南，你看看！這些星球都是球形的。真奇妙！

當然啊！如果它們不是球形的，怎能叫星球呢？

地球當然也是球形，你看這地球儀多圓啊！

那麼地球呢？

地球大致上是個球體，但並不像地球儀那麼圓呢！

人們很早就開始爭論地球的形狀，有說天圓地方的，有說天如雞蛋、地如蛋黃的，直到麥哲倫（Ferdinand Magellan）船隊一路向西環球旅行回來後，地球才被證明是圓的。

後來，隨着科技不斷發展，人們逐漸認識到地球其實不是一個正圓球，而是一個赤道半徑略大於極地半徑、兩極較扁而中間鼓起的橢圓球。

現在通過衞星測定，確定了地球不是標準的球形，而是南大、北小、中間鼓起的梨形。

這個梨很大啊！

因為地球半徑不同，所以地面物體所受的引力就會有差別。曾經發生過這樣的事：在歐洲的荷蘭，重量是5,000噸的魚，到了非洲的索馬里，魚的重量竟少了30多噸！

我的魚怎麼少了30噸，是不是你們偷吃了？

我們天天都在海上，才不會偷吃你的魚呢！

真有意思，原來地球的形狀就像個大梨呀！可惜不能吃。

誰說不能吃啊，人類不是天天在吃地球的資源嗎？

你不是來入侵地球，我就滿足了……

我會好好保護地球的！

為什麼地球會繞着太陽公轉？

在太陽引力的作用下，包括地球在內的所有太陽系行星都會繞着太陽公轉（一個天體繞着另一個天體的轉動稱為公轉）。

地球繞着太陽公轉一圈的準確時間是365天5時48分46秒，稱作一個回歸年。

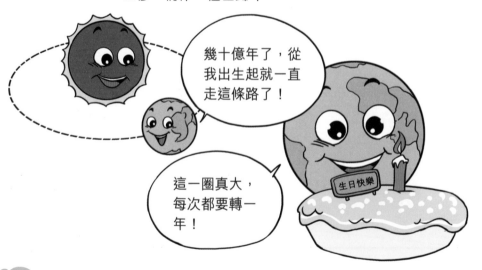

地球公轉的同時也在不停自轉，
所以就有四季交替和畫夜變化。

為什麼地球會自轉？

叔叔，「坐地日行八萬里」是什麼意思？

即是指你坐着不動，每天也走了八萬里。

怎樣才能走那麼遠呢？

我剛剛說過了，你坐着不動就能走這麼遠啦！這都是地球自轉的功勞呀！

因為地球赤道周長約八萬里，即四萬公里，地球自轉一圈就是一天，就相等於帶着你走了八萬里，明白了嗎？

和地球自轉有什麼關係呢？

地球自轉是怎麼回事呢？

地球轉得
真慢！

小朋友，當你長到我
這樣的身材時，再來
和我比較吧！

地球圍繞
地軸、由西向東
的轉動稱為自轉，
地球自轉一周需
時23時56分。

地球自轉使地球產生晝夜更
替的現象和地區之間的時差。晝
夜更替的現象能讓地球不至於過
熱或過冷，有利於生命的生存和
發展。

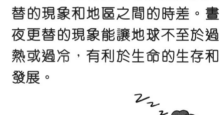

地球自轉還使物體水平運
動方向產生偏轉——北半球向右
偏，南半球向左偏，赤道不偏。

難怪陀螺也總
是往一個方向
偏轉。

23

同樣，大氣、海洋中的氣流和洋流也會發生偏向，這對地球熱量與水分的平衡有巨大影響。

10小時後

地球內部有什麼？

布拉拉，你在地球這麼久了，應該對地球也很了解吧！

我去過地球很多地方了，但有一個地方還沒去過。

什麼地方？

這個有難度。

說說看，我們不恥下問。

地球內部。

雖然不能去地球內部，但通過科學家的研究，人類已經對地球內部有大致的了解。

這個成語用錯了。

地殼由很多大小不一的塊體組成，平均厚度約35公里。

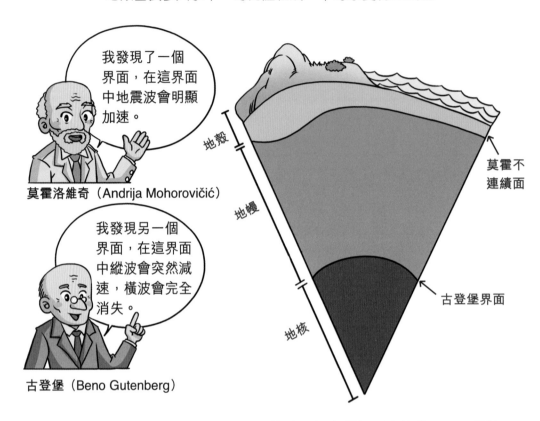

我發現了一個界面，在這界面中地震波會明顯加速。

莫霍洛維奇（Andrija Mohorovičić）

我發現另一個界面，在這界面中縱波會突然減速，橫波會完全消失。

古登堡（Beno Gutenberg）

地殼

地幔

地核

莫霍不連續面

古登堡界面

科學家通過對地震波的研究，發現地球內部有兩個不連續的界面，把地球分成地殼、地幔、地核三部分。這兩個界面以它們發現者的名字命名。

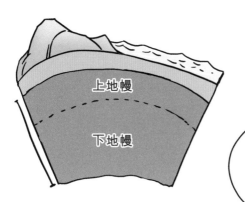

上地幔

下地幔

地幔是地球內部體積最大、質量最大的一層,分為上地幔和下地幔。

我的溫度極高,有誰比我熱呢?

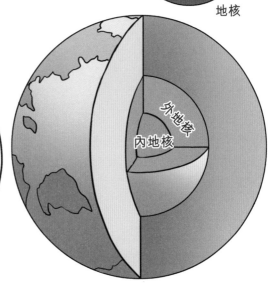

地核

地核分為外地核和內地核兩層,地核整體的溫度和壓力都很高,估計地核溫度大約是4,000℃至6,000℃,是地球磁場的發源地。

外地核

內地核

我看完了,但還是很想到地球內部看看。

布拉拉,我把圖給你,自己看吧!

你不怕變成紅燒布拉拉啊?

我喜歡清蒸。

地球是怎樣誕生的？

對於地球的誕生，1944年前蘇聯科學家奧托・施密特（Otto Schmidt）提出了「吸積理論」——宇宙塵團聚在一起成為顆粒，顆粒變成礫石，礫石變成球，再變成微行星（星子），最後變成行星，這個過程很像滾雪球。

地球

在地球形成之前，宇宙中有許多小行星和塵埃繞着太陽轉，這些天體互相撞擊，就形成了原始的地球。

我和小行星的撞擊沒有擦出火花，卻擦出了熾熱的岩漿。

最初的地球很小，但不斷遭到宇宙中的塵埃及小星體的撞擊，體積不斷增大，能量不斷聚集，溫度不斷上升，最終使一部分物質熔化為液體。

後來，星體撞擊的次數減少，地球表面的溫度得以降低，形成地殼。地球內部的岩漿不斷噴湧，形成火山。火山噴發出的水蒸氣冷卻凝結為水，形成海洋。再經過很多億年後，才進化成了現在的地球。

考考你

除了地球外，宇宙有數之不盡的行星，你能說出大陽系八大行星的名字嗎？

答案：火星、金星、地球、水星、木星、土星、天王星、海王星

為什麼黑色的土壤最肥沃？

你們知道什麼顏色的土壤最肥沃嗎？

土壤也有顏色嗎？

有呀！中國的北方多黃土，南方多紅土，東北多黑土。

當然是東北的黑土。

什麼顏色的土壤最肥沃呢？

為什麼呢？

因為東北的黑土含有大量的肥料。

黑土一般發育於溫帶半濕潤半乾旱地區的草甸草原，當地有繁茂的草甸和草本植物。中國的東北地區夏季和秋季多雨，土壤常形成上層滯水，草甸、草本植物的有機殘體會隨雨水進入土壤。

冬季時，土壤裏的微生物活動受到抑制，有機質分解緩慢，並轉化成大量腐殖質累積於土壤的上部分，形成深厚的黑色腐殖質層。東北地區的腐殖質層可達60厘米，最厚的超過100厘米。

為什麼大理石有漂亮的花紋？

中心公園

這個石獅子上的花紋很特別呀！它是由什麼石頭製造的？

它是由大理石製造的，大理石有天然的花紋呀！

大理石跟大理市有關係嗎？

是的，大理石就是因為產於雲南省大理市而得名的。

那麼大理石的花紋是怎樣形成的？

我是石頭中的美人呀！

大理石又稱為雲石，是重結晶的石灰岩或白雲岩，主要成分是碳酸鈣。大理石可以加工成各種材料，用來製造建築物的牆面、地面、柱子和雕塑等。

這裏以前是海，現在是城，將來不知道是什麼，真是滄海桑田啊！

在遠古時期，大理曾是被海水覆蓋的地區，經歷了漫長的地質變化後，沉積了厚達百米的碳酸鈣和碳酸鎂等，再經過自然壓縮、膠結、再結晶等成岩作用，就形成了石灰岩和白雲岩。

蛋糕變質了，就不能吃。

石灰岩和白雲岩變質了，可以變成大理石。

在兩億多年前開始，多次複雜的造山運動，使大理地區的地質不斷重複發生變質運動，最終使石灰岩變質為雲灰大理石和彩花大理石，白雲岩變質為白色大理石。

大理石的色彩，是由於形成過程中有色礦物和有機質滲入而產生的。因為礦物質的種類、數量的分布是不規則的，加上造山運動中不同方向力的擠壓和扭曲，從而在大理石中形成了不同的花紋圖案。

銅

錳

褐鐵

石墨

其他地方的大理石也是這麼形成嗎？

道理是普遍適用的。

我搬幾塊回去。

這樣就容易搬運了！

你們這樣破壞公物是不對的！

我的肺是綠色的。

熱帶雨林可以吸收空氣中的二氧化碳和其他有害物質,並製造出新鮮的氧氣,從而維持大氣平衡。熱帶雨林就像一個大型的「空氣清新機」,所以被稱為「地球之肺」。

熱帶雨林是世界重要的水源地,它可以涵養水源、保護淡水資源,還有調節全球氣候的作用。

我們是地球的空氣清新機,可以製造新鮮的氧氣。

熱帶雨林物產豐富,是地球的倉庫呢!

熱帶雨林孕育着豐富的生物資源,可以維持整個地球生物圈的物質循環和平衡。此外,熱帶雨林還可以提供人類生活所需的木材和其他物品,如橡膠、可可、奎寧(醫治瘧疾的一種藥物)等。

目前熱帶雨林正在遭受很大的破壞，其中最嚴重的就是濫伐林木。濫伐林木會導致水土流失，破壞生態環境和生物多樣性，會讓地球上的生存環境變得越來越惡劣，直接影響人類的生活，所以我們要保護熱帶雨林。

破壞森林，就是破壞人類的家園啊！

台灣南部、海南島和雲南的河口、西雙版納地區也有熱帶雨林，但這些地方的熱帶雨林已遭到不同程度的破壞。

保護熱帶雨林，從我做起！

你的威力強大，只要不隨便「發火」把它們燒了就行了。

為什麼森林能調節氣溫？

郊區比城市涼快多了。

如果城市也像這裏一樣，有這麼多的植被覆蓋，就不會那麼熱了。

這跟森林有什麼關係？

有什麼關係啊？

又給我機會展示我知識淵博了，可惜只有你們幾個聽眾。

森林可以吸收人們呼出的二氧化碳，然後通過光合作用將二氧化碳轉化為氧氣排出，這樣人們就可以呼吸到清新的空氣了。氧氣是人類和其他動物維持生命的必需品，森林是名副其實的「地球之肺」。

光合作用

在夏天，樹林進行光合作用和蒸騰作用的速度比較快，能迅速將水分釋放到空氣中，增加空氣的濕度和降水，從而降低氣溫。

我們這些水分，能增加環境的濕度。

冬天時，森林能用樹幹、樹冠擋住狂風，降低風速，有助於保持氣溫。

今天風很大，但強壯的大樹依然屹立不倒。

除此之外，森林還有改善空氣質量、吸煙滯塵、涵養水源、減少噪聲、防風固沙、保持水土等作用，是人類和地球的守護者。

我們像戰士一樣保衛家園、保衛地球。

說了這麼多，即是說我們要……

不濫伐林木！

叔叔，你這裏的森林吸煙滯塵太多了，應該要清洗了。

布拉拉這次回答得很好。

為什麼沙漠裏會有綠洲？

我不喝了。

你怎麼能亂扔垃圾呢？

這樣不但造成污染環境，還浪費水資源呢！

這只是半瓶飲料呢！

在沙漠裏，這半瓶飲料能救活一個人呢！

沙漠裏不是有綠洲嗎？

綠洲只是少數呀！

我們原諒你吧！叔叔，請你跟我們說說綠洲是怎麼形成的。

我知道錯了，叔叔。

嗯，這個可以考慮。

夏天來了，真熱呢！冰雪都快要融化了。

雖然沙漠的氣溫很高，但是在一些高山的山頂上，因為溫度很低，所以還會有冰雪。這些冰雪到了夏天就會融化，順着山坡流下，形成河流。

沙漠的結構疏鬆，具有很強的滲透力，當河水流經沙漠的時候，便滲入沙子裏變成地下水，而遠方的雨水也可以與它合流。

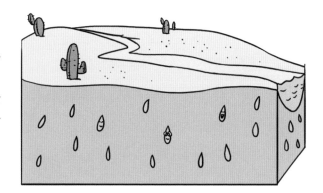

沙漠地區雖然乾旱，但地下水往往都很豐富，有些沙漠甚至有地下海，如非洲的撒哈拉沙漠和中國的塔克拉瑪干沙漠。

地下水沿着不透水的岩層流至沙漠低窪地帶後，即湧出地面，形成泉水，為綠洲的形成提供水源。因此，綠洲多出現在河流、井或泉附近。

綠洲的土壤肥沃、灌溉條件便利，往往是乾旱地區農牧業發達的地方。綠洲是沙漠裏的珍貴資源，所以要好好保護它。

為什麼濕地被稱作「地球之腎」？

今天我們要討論的是濕地。

濕地是指陸地和水域交匯的地方。

湖泊是不是濕地？

沼澤是不是濕地？

水庫是不是濕地？

這些都是。

那麼我們家中的魚缸是不是濕地？

你能問些好問題嗎？

濕地、森林和海洋並列為地球上三大生態系統。

濕地有複雜多樣的植物羣落，具有強大的物質生產能力，也是多種野生動物的良好棲息地。

濕地有豐富的植物羣落，能夠吸收大量的二氧化碳，並釋放氧氣。在濕地中，一些植物還具有吸收空氣中有害氣體的功能，能有效調節大氣成分。

有害氣體

清新空氣

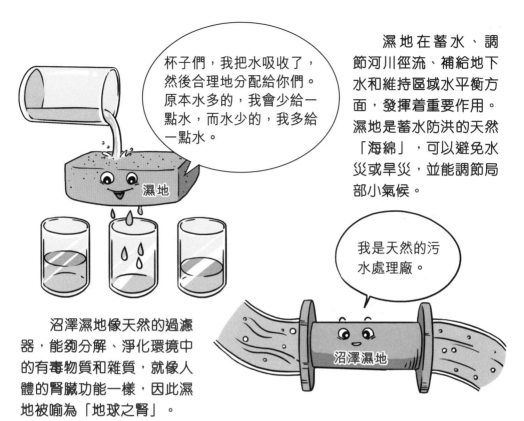

濕地在蓄水、調節河川徑流、補給地下水和維持區域水平衡方面，發揮着重要作用。濕地是蓄水防洪的天然「海綿」，可以避免水災或旱災，並能調節局部小氣候。

沼澤濕地像天然的過濾器，能夠分解、淨化環境中的有毒物質和雜質，就像人體的腎臟功能一樣，因此濕地被喻為「地球之腎」。

雞血石裏真有雞血嗎？

這是我的小小心意，希望你喜歡。

嘩！是雞血石！它真的有雞血嗎？

　　雞血石，因為它的顏色像雞血一樣鮮紅而得名。雞血石是製作印章或工藝雕刻品的主要材料。昌化雞血石與壽山田黃石、青田燈光凍石合稱為「印石三寶」，價值不菲。

　　雞血石的主要產地是浙江省臨安市昌化鎮的玉岩山。玉岩山是1億年前火山噴發所形成的，山體上部的凝灰岩受到火山噴出的水和氣體的作用，就好像放在蒸籠裏蒸一樣，慢慢變成了油脂狀的葉蠟石。

　　經過了很多年，玉岩山地區發生地殼運動，岩石出現褶皺或開裂。

與此同時，地下的硫化汞礦液在上湧的過程中滲入、填充並冷凝在葉蠟石的裂縫之中。這兩種顏色和成分都不同的礦物質凝結在一起就形成了別具風采的雞血石。

葉蠟石出現裂縫了，我們趕快佔領吧！

硫化汞

原來雞血石裏是硫化汞，不是真的雞血啊！

到底哪塊是真的雞血石呢？

由於雞血石經濟價值高，所以造假者很多。假雞血石一般都是用質地較好的昌化石（沒有硫化汞的葉蠟石），通過人工添加硫化汞製成。

我是真的。

支持正版打擊盜版

我才是真的。

想一想

偽造雞血石的情況嚴重，這會產生什麼問題呢？

為什麼日本多地震？

日本又發生破壞性地震。

天啊，太可怕了！

為什麼說「又發生」，日本經常地震嗎？

是的！日本是世界上地震較頻繁的國家，平均每年發生數千次地震，其中有震感的地震約1500多次。

這跟日本所處的地理位置有關。

為什麼日本有這麼多地震啊？

許多原因會引致地震的發生，其中90%以上的地震都是構造地震。構造地震是由於地殼（或岩石圈）內部受力失衡而發生斷層所引起的。

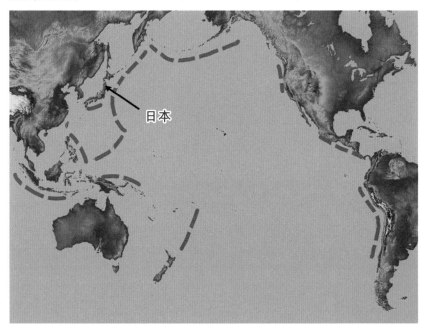

日本

全球80%的地震發生在環太平洋火山地震帶上，而日本就正好位於這個火山地震帶上。

日本位於歐亞板塊和太平洋板塊的邊界，地質運動比其他地方更加頻繁，因此火山和地震較多。日本歷史上就發生過多次破壞性大地震。

歐亞板塊

日本

太平洋板塊

當發生地震的時候，人們怎麼辦呀？

因為地震頻繁，日本建立了很完善的救災體制，包括住宅抗震標準和遍布全國的各種避難所。

要是在我們星球就沒事了，我們能準確預測地震。

地球好像還未能準確預測地震呢！

那怎麼辦啊？

不要怕，現在雖然不能準確預測地震，但地震前動物、井水、天氣等往往會發生異常反應，而且科學家們也在不斷研究探索，相信將來地震一定能準確預測的！

我相信叔叔的話，叔叔真是鶴立雞羣呢！

哪裏有鶴呢？哪裏有雞呢？

為什麼科羅拉多大峽谷被稱為「地質陳列館」？

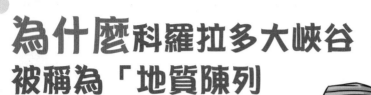

叔叔，你拿着什麼東西啊？

你看它像不像一本書？它的名字叫頁岩。這裏面藏着很多地質信息呢！

那麼地質學家肯定最喜歡它了。

有很多地區本身就是一塊巨大的頁岩，那才是地質學家最喜歡的東西。

哪兒？

例如美國的科羅拉多大峽谷，那裏可説是最好的地質陳列館呢！

地層裏有很多化石可以供科學家研究，但由於地殼運動頻繁，使地層被破壞，再加上被植被覆蓋，很難研究。

唉，地層結構都被破壞了，不好研究啊！

歡迎大家來參觀學習！

科羅拉多大峽谷卻保存了完整的岩層，整個大峽谷成「V」字形，頂部寬、底部窄，氣候乾燥，幾乎寸草不生，是地質研究的理想樣板，所以被稱為「地質陳列館」。

這個地區的地殼活動不是很強烈，而且常年乾燥少雨，這樣才能使大峽谷以本來的面目示人，供地質學家研究。

我展現的是最真實樸素的一面呢！

這裏不但是研究地質的好地方，而且是西部電影的樂園。

「西部電影的樂園」是什麼意思呢？

你不是喜歡看電影嗎？美國很多西部電影就是在這裏拍攝的。

當然要好好保護，美國在大峽谷地區成立了幾十個國家公園呢！

這麼好的地方，一定要好好保護。

嘩，他們招聘管理員嗎？我要去！

誰要小孩子……

為什麼火山「有死有活」？

今天我們要討論的是火山，大家知道什麼是火山嗎？

不，火山是火焰山。

火山就是會噴火的山。

火山就是發火的山。

好吧，看來今天很有必要跟大家詳細地說說。

岩漿存在於地下250至400公里深的地方，岩漿受到地球內部的壓力而向上移動。岩漿突破地殼薄弱的部分而湧出，冷卻堆積在裂口周圍，形成火山。

火山會噴發出大量火山
灰、熔岩和大塊岩石，破壞
性極大。2,000年前，整個
龐貝城被維蘇威火山噴發出
的火山灰埋沒。

火山分為三種。一種是活動着、有噴發危險的活
火山；一種是噴發過，但現在不活動的死火山；第三
種叫睡火山，指曾經噴發過，現在仍有噴發危險，但
長期以來處於相對靜止狀態的火山。

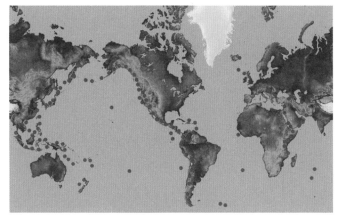

世界上的火山主要分布在環太平洋火山帶、地中海火山帶和東非火山帶。另外，大西洋中脊也有隆起的火山帶。世界上總共有1,500多座火山。

原來火山是這樣的。

現在明白了吧！你要感謝我呢！

是的！很可怕呀！

火山真的很可怕呢！

各國都有專門機構檢測火山，會在火山噴發前發出預警，提醒人們及時離開危險範圍。

我們不怕，我們星球的人可以隨時飛走，遠離火山。

是的，你是屬於飛得太遠，回不去的那種。

為什麼地球會有「傷痕」？

嘩！看，地上有一條很大的「傷痕」呢！

那就是著名的東非大裂谷，世界大陸上最大的斷裂帶，從衛星照片上看就好像一道巨大的傷疤。

當然是……地球的力量。

誰把它劈開的？

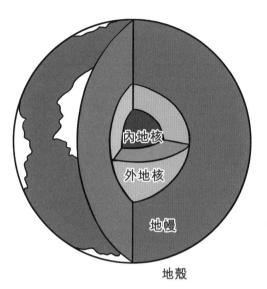

地殼

內地核

外地核

地幔

地幔裏有大量岩漿，當中含有大量氣體，內部壓力很大，在流動中不斷侵入地殼。

原來地球裏面的岩漿在不停地運動啊！

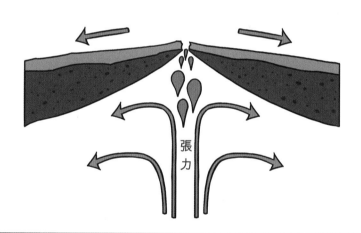

張力

大約3,000萬年前，發生了劇烈的地殼運動，在這種張力的作用之下，地殼發生大斷裂，從而形成裂谷。

看來，那是很久遠的事情了。

由於抬升運動不斷發生，地殼的斷裂不斷產生，熔岩不斷地湧出地面，漸漸形成了高大的熔岩高原。高原上的火山變成山峯，而斷裂的下陷地帶則成為大裂谷谷底。

東非大裂谷還是一座巨型的天然蓄水池，非洲大部分湖泊都集中在這裏，大大小小約有30多個。

嘩，那就是肯尼亞的納庫魯湖吧？

你怎麼知道的？

我看到了傳說中的紅鶴，這是納庫魯湖的一大特色。

嘩！很壯觀的大裂谷啊！還有很多紅鶴呢！

我飛到地球就要一億光年，不長呢！

光年和年又不是一個概念。

據科學家估計，再過一億年，這裏就會形成新的大洋了。

嘩！那時候世界會變成怎樣呢？

如果那時候這些區域還有陸地的話，那麼很多國家都會變成沿海國啦！

不過這樣也很好，周圍都是沙灘，我最愛游泳了！

為什麼說火山也能造福人類？

我是善用地熱能的例子呢！

因為火山是地下岩漿活動的結果，所以有火山的地方就有豐富的地熱資源。現在地熱能已經被全世界普遍利用，中國也有地熱發電站。

溫泉伴隨着火山而出現，有溫泉的地方就會吸引大量遊客，帶來可觀的經濟效益。

火山灰裏有豐富的營養物質，可以讓當地農田變得十分肥沃，使農作物豐收。雖然火山附近的地區比較危險，但還有許多農民喜歡居住在這裏。

火山可以形成地質奇觀，例如間歇泉、地下森林等。火山活動還可以產生硫磺等礦產。

有些皮膚病患者會利用硫磺溫泉來治療呢！

原來它們也有不少用處。

什麼？

世上一切東西都有存在的價值。

我知道火山對於叔叔的價值是什麼了。

因為叔叔喜歡泡溫泉。

這又怎麼了？

叔叔也會帶我們去泡溫泉。

為什麼大西洋兩岸的陸地可以拼起來？

大家有沒有看出什麼奇妙之處？

叔叔，我發現了，右邊圖上的南美洲和非洲好像能合在一起呢！

你的發現是對的，看來你的觀察力提高了不少，這些都是我的功勞呢！

我也看出來了。

為了證明我的智商不比地球人低，我也看出來了。

你們知道這是為什麼嗎？

不知道！

又是時候表現我的博學了。

100年前，德國科學家魏格納（Alfred Lothar Wegener）發現大西洋兩岸的地形出奇地相似，於是展開深入研究。

這很有趣。

再見了！

再見了！

後來他提出了「大陸漂移學說」。3億年前，地球上的大陸是拼在一起的，後來才慢慢分開。

這個學說不斷得到修正，後來發展出「海底擴張學說」和「板塊構造學說」。

海底擴張學説是正確的！

板塊構造學説才是正確的！

大家不必吵，時間會證明的。

我們的運動也稱作「大陸漂移」。

這幾個學說都證明了大陸確實在漂移，以前非洲和南美洲是連在一起的，後來經歷地殼運動才分開，分開的地方就形成了大西洋。

板塊構造學說認為地球一開始就分成幾個板塊，板塊漂浮在玄武岩質的基底上，非常緩慢地移動。當板塊運動的時候，板塊上的大陸之間就出現相對運動。

南美洲

非洲

大西洋

我很想看看以前的地球呢！

雖然無法回到過去看地球，但這些學說都得到了科學的驗證。

如果要看到地球大陸的真正原貌，就只有發明時空穿梭機呀！

雖然不能看到地球的原貌，但我們能看到你的原貌。

山會變矮嗎？

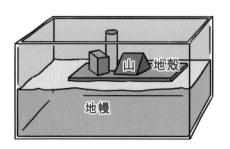

我們知道山是在地殼上的，地殼是漂在地幔上的，就像木塊漂在水面上一樣，有露出的部分，也有浸在水裏的部分。

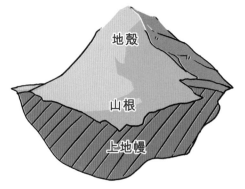

地殼負重大，突入地幔的部分也大，地殼有山的部分在地殼底部會形成一個地基，稱為「山根」。山的根部越大，可以承受的山體越高。

你比我高，以後就叫你大哥了。

我正在受侵蝕，現在還沒有問題，以就不好說了！

大哥，你怎麼變矮了？

我的地基不穩了，越來越矮了。

從地質學的角度來看，組成山的石頭和托着山的地殼都是柔軟可塑的。「山根」越下沉，受到地幔高溫物質侵蝕的程度越厲害，甚至會熔化，這稱為「殼下侵蝕」。「山根」受侵蝕而體積變小，相應的山體就會沉降來保持平衡。

 考考你

還有什麼自然因素會侵蝕山的岩石呢？

參考答案：風化、海浪、雨水

70

為什麼大海會有潮汐？

要退潮了，趕緊上岸吧！

嘩！叔叔，退潮是因為海底有個怪獸在吸水嗎？

不！這是大海的潮汐現象呀！和怪獸沒有關係。

看我對地球的「吸星大法」。

我也會！

感覺今天的力量特別大啊！

潮汐是海水在月球和太陽引潮力作用下，所產生的垂直方向的周期性運動。白天為潮，晚上為汐。

今天的力量小多了！

由月球作用而產生的潮汐，稱為太陰潮；由太陽作用而產生的潮汐，稱為太陽潮。因為月球離地球更近，月球施於地球的引潮力約為太陽施於地球引潮力的兩倍，所以太陰潮大於太陽潮。

潮汐受月球和太陽影響，所以潮汐的幅度也和太陽、月球的位置有關。在月初和月中，太陽、地球、月球在一條線上，是大潮；當太陰潮的漲潮和太陽潮的落潮同時發生時，是小潮。

這個規律很有趣呢！我們可以利用潮汐來做些什麼嗎？

當然！人類早就想到了！潮汐能發電就是其中一個例子！

潮汐發電站是將海洋潮汐的能量轉換成電能的發電站。在海灣或有潮汐的河口築起水壩，形成水庫。漲潮時水庫蓄水，落潮時海洋水位降低，水庫放水，以驅動水輪發電機組來發電。

把潮汐的能量儲蓄累積起來，這就是潮汐發電了！

潮汐可以被準確地推算出來，它可以用於發電，是能廣泛推廣利用的海洋能。

原來大海這樣一來一去，就能產生能量啊！

是的！沒錯！

大海！我來了！

危險！你要做什麼？

我要獲取能量呀！不要攔着我！

為什麼尼奧斯湖會噴出致命的氣體？

我在看舊新聞。

叔叔，你在看新聞嗎？

什麼舊新聞讓你現在還翻出來看？

究竟是什麼氣體這麼可怕呢？

1986年8月21日傍晚，喀麥隆的尼奧斯湖突然噴發出一種刺鼻的氣體。半小時內，造成周圍約2,000人傷亡。

二氧化碳。

這種二氧化碳不一般呢！

我們每天呼吸時，不是都會產生二氧化碳嗎？為什麼會毒死人呢？

尼奧斯湖是喀麥隆北部的一個小火山湖，湖底有大量菱鐵礦，成分為高濃度碳酸鹽，這些物質正是產生二氧化碳的來源。

風平浪靜呀！

尼奧斯湖水按不同的化學性質，呈現出規律的分層。大量二氧化碳、小量氰化氫及其衍生物等劇毒氣體溶於湖水中。湖水平靜時，這些氣體都會很穩定地留在湖底。

我們出去玩吧。

人不犯我，我不犯人。

氰化氫

二氧化碳

二氧化碳

氰化氫

氰化氫

我們「生氣」了，後果很嚴重！

1986年的這場災難是因為湖邊的山體塌方所引起的。湖邊的山上有很多石頭滾下來，砸進湖中，引起湖水攪動。

當湖水受到外力攪動時，湖底充滿碳酸的水會產生大量的二氧化碳，衝出水面，變成了能讓動物瞬間窒息的隱形殺手。

萬一遇上這種情況，應該往哪兒跑呢？

二氧化碳的密度比空氣大，所以災難發生時，少數往山上跑的人倖存了。

災難發生之後，當地採取「排氣防噴」工程，分別在湖面上設立虹吸裝置，日夜不停地抽取湖底的氣體，有效地防止了氣體的噴發。

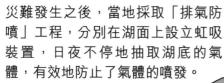

看來多多排氣是有好處的！

我不是叫你排氣呢！很臭呀！

沒錯！

為什麼海洋是藍色的？

讓我告訴你們吧。

我來記錄。

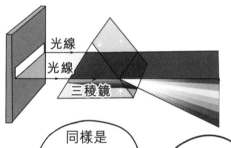

光線
光線
三稜鏡

很美啊！

通過三稜鏡，我們知道陽光可以分成紅、橙、黃、綠、青、藍、紫七種顏色，這些光的波長都不相同。長波的穿透能力強，容易被水分子吸收；短波的穿透能力弱，容易發生反射和散射。

同樣是短波，為什麼人們不說海是紫色呢？

因為人的眼睛對紫色不敏感，對藍色和綠色敏感。

光波較長的紅光、橙光、黃光，照射入海水後，隨海洋深度的增加逐漸被吸收了。而波長較短的藍光和紫光則會發生散射和反射，所以人們就會覺得海洋是藍色的。

所有海都是藍色的嗎？

近岸的海水因懸浮物質增多，顆粒較大，對綠光吸收較弱，散射較強，所以多呈淺藍色或綠色。

當然了！我沒見過不是藍色的海！

其實，真的有不是藍色的海呢！

海洋大聚會

黑海因為底層海水鹽度高、缺氧，而且含有硫化氫，所以使海水呈黑色；黃海是因為歷史上曾被河水攜帶的泥沙染黃了而得名；紅海則因為含有大量紅褐色藻類而呈紅色。

當我戴上太陽眼鏡，就不覺得海水是藍色了。

這樣做真的有點自欺欺人呢！

為什麼冰川會到處走？

怎麼了布拉拉，是不是又花光了錢？

不是呢！我在研究地球的冰川，可是很難呀！

你應該問我呀！冰川是一種會到處走的大山呢！

嘩！它們被施了魔法嗎？

大家都叫我冰雪美人。

冰川又稱冰河，是指由大量冰塊堆積而形成、如河川般的地質景觀。冰川只有在終年冰封的極地和終年積雪的高山才能形成。

我要去看看世界了！

最近雪下得太多了，身上好重！

因為冰川的下部分一直受到上部分冰層的壓力和上游冰層的推力，所以相對穩定。可是，冰川表層則不同，當外力突然增加時，就會斷裂移動，於是冰川就「走起來」了。

所以我不怕輸在起跑線上。

長跑比拼的是耐力，不是速度。

冰川移動的速度很慢，在一年裏，移動得最快的冰川，會移動大約一千米，有些冰川只移動大約一百多米，而且夏季時較快，冬季較慢。可是，也不排除一些「脾氣古怪」、突然發力，快速前進的冰川。

為什麼會有
「間歇泉」？

那是間歇泉，等會兒就會消失了。

果然沒有了！

半小時後

不是，它不是叫「間歇泉」嗎？它是間歇性噴發的！

它消失了是因為泉水噴乾了嗎？

間歇泉女士，請你參加我們的演出吧。

不行啊，沒有動力我就不表演了。

熾熱的岩漿活動是間歇泉的能源，所以間歇泉只能在地殼運動較活躍、距離地表又不太深的地區出現，例如冰島、美國黃石公園、中國雅魯藏布江谷底。

高壓水柱

熾熱的岩漿能使周圍地層的水溫升高，甚至化為水汽並不斷衝向岩石裂縫裏，溫度下降後就凝結成溫度很高的水，形成高壓水柱。

終於噴出去了！不然壓力太大了！

地下水受熱上升的同時，受到岩縫裏的高壓水柱的壓力，不能繼續上升，而岩縫下面的水還在繼續受熱，當水汽的壓力超過水柱壓力時，就會把岩縫裏的水都擠出去，形成間歇泉。

原來還有樣子比我更奇怪的間歇泉呢！

間歇泉噴出的水往往含有礦物質，水蒸發或者回落之後，礦物質沉積下來，形成各種奇形怪狀的噴口。

為什麼錢塘江的浪潮格外壯觀？

今晚的月亮很圓呢！

明天更圓，俗話說「十五的月亮十六圓」呀！

明天是農曆八月十六日，是錢塘江觀潮的好時機呢！

為什麼是明天？

我聽説過錢塘江大潮，可是沒見過。

因為明天的潮最壯觀的！

每年農曆八月十六日到十八日，太陽、月球、地球幾乎在一條線上，這天海水受到的引潮力最大。

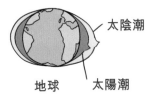

太陰潮

地球　太陽潮

月球

太陽

很擠迫呢！前面很狹窄的！

因為錢塘江口像個大喇叭，海水易進難退。受河牀泥沙淤積的影響，當潮水從錢塘江口湧進時，潮水不能均勻上升，只好後浪推前浪，層層疊加。

沿海一帶常颳東南風，風向與潮水方向大體一致，助長了潮勢。與左頁所提及的各種原因加起來後，就形成了壯觀的錢塘江大潮。

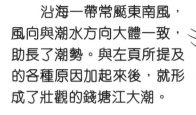

你好！好久不見！

此外，長期的泥沙淤積，在江中形成了一個沙洲，將潮波分成東潮和南潮，兩股潮頭在繞過沙洲後交叉匯合，就形成了異常壯觀的交叉潮。

加拿大，大家拿。

不只是錢塘江，法國的塞納河、巴西的亞馬遜河也會有潮汐現象，加拿大的芬迪灣大潮也相當壯觀。

冷——

為什麼太平洋並不太平？

比大海更寬闊的是天空，比天空更寬闊的是人的胸懷。

好詩。

這是雨中的蘋果寫的。

他的名字音譯為雨果，跟蘋果沒關係呀！

比大海更寬闊的是大洋。

比大羊更寬闊的是大牛！

話説回來，太平洋是世界上最大、最深，邊緣海和島嶼最多的大洋。雖然叫太平洋，但它並不太平呢！

真是個太平的大洋啊！

麥哲倫率領的船隊在穿越太平洋的時候，一路平安無事，麥哲倫不禁感歎了一句，太平洋由此得名。

各位同伴，向前衝吧！

可是，太平洋並不太平，只有中部海域比較平靜。南北緯40度附近的海域，處於西風帶控制之下，終年颳着強勁的西風，相當險惡！

太平洋是颱風的主要發源地之一，全球一半以上的颱風都是在太平洋形成的。太平洋颱風會帶來狂風暴雨，有時還會引起海嘯。

我是颱風，我是最強的！只要我一聲號令，誰敢不服從！

另外，太平洋板塊和周圍板塊的相互運動，產生了環太平洋火山地震帶。這是世界上最活躍的火山地震帶，世界上大部分火山、地震活動都在這裏發生。

我憤怒了，我將引致地動山搖！

太平洋

你們現在知道為什麼說太平洋不太平了吧？

那麼，它應該換個名字。

不如叫沸騰洋吧！

你以為在煮熱水嗎？還沸騰呢……

地球上的水會用完嗎？

我認為地球應該叫水球！

水是生命之源，是萬物生長時不可或缺的寶貴資源。地球表面有四分之三的面積被水覆蓋着。

水資源處於不停的循環之中，如果忽略人類對整個水循環的影響，從這個角度來說，水資源是取之不盡、用之不竭的。

地球上的水　　　　淡水　　　可利用的淡水

雖然地球的水多，但大部分是海水，淡水只佔大約3%，而且大部分是不能利用的冰川、泥沼的水，人類可利用的水很少。從這個意義上說，水資源是有限的。

我改變不了你們整體，但我能改變你一個！

從長遠來看，這對你有好處嗎？

雖然人類活動不能影響整個地球的水循環，但會對局部的水循環和水資源造成影響。例如修建水庫、過度開採地下水，都會影響當地的水循環。

水資源的另一個特點是時空分布不均勻，沙漠終年乾旱，熱帶雨林終年濕潤，其他地區則分成雨季和旱季。河流、湖泊的水也分布不均。

　　隨着城市擴大和人口不斷增加，人類對水的需求也越來越多。而工業的發展，卻使很多水資源受到污染，造成水質型缺水，缺乏乾淨、可利用的淡水。

當我見過乾旱的土地，才知道水的寶貴。保護水資源，人人有責。但願世界上的最後一滴水不是人類的眼淚。

想一想

地球正面對着水污染問題，你會做些什麼來為環境出一分力呢？

為什麼北極和南極有半年白天、半年黑夜？

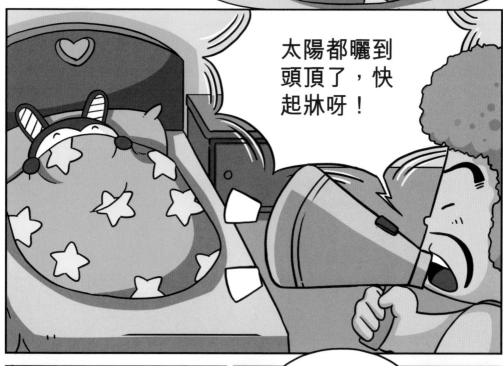

太陽都曬到頭頂了，快起牀呀！

我很睏，真想睡一年啊！

睡一年不可能，不過我知道哪兒可以睡半年。

哪兒啊？

北極和南極,那裏半年白天、半年黑夜。

當光照在球狀物體上時,只能照亮它的一半,另一半是照不到的。地球也是這樣,太陽光只能照到半個地球,照到的部分就是白天,照不到的部分就是晚上。

因為地球地軸本身有一個傾斜角,而且地球在不斷地自轉和繞着太陽公轉,所以地球受到太陽照射的地方也在不斷地變化。

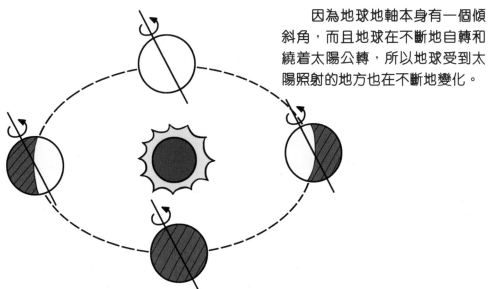

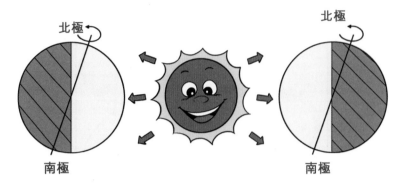

當太陽直射北半球時，北半球是夏天，北極從極點開始到北極圈的範圍，逐漸進入極畫狀態，太陽整天不落山，這一現象每年都會持續半年。

與之相反，太陽直射南半球時，北半球進入冬天，從北極點開始到北極圈的範圍，逐漸進入極夜狀態，也是持續半年。

那麼南半球是不是也有極畫或極夜呢？

南半球也有這種現象，不過和北半球相反。北半球極夜的時候，南半球極畫；北半球極畫時，南半球極夜。

我知道怎樣可以睡一年了。

夏天的時候去南極，冬天去北極，這樣一年都是極夜，可以睡一整年！

你的腦袋到底在想什麼？

為什麼南極會有溫水湖泊？

現在就來告訴你們，為什麼南極會有溫泉。雖然南極的溫水湖泊表面有常年不融化、厚達數米的冰面，但冰面下面卻有溫暖的水。

冰面下的水溫是0℃，越往下溫度越高，鹽度也越高。底層的水鹽度高，不能和上層的水混合，冰面又阻隔了外邊的空氣和風，因此形成了這種溫度垂直分布的奇特現象。

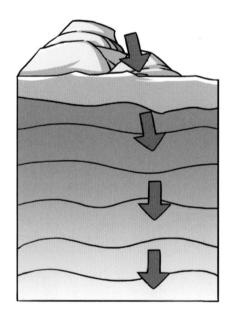

南極有半年是白天，陽光照在冰面上，冰層慢慢吸收熱量並不斷往下傳遞，經年累月後，湖底的水溫能達到25℃呢！

當底層的水溫達到大約25℃時，水吸收的熱量就會慢慢向上傳遞，冰面底部會融化一部分來降低水溫，這個過程反覆循環，所以這種湖泊的水溫也不會超過30℃。

現在你們還能説，南極沒有溫泉嗎？

叔叔騙人，這是溫水湖，又不是溫泉。

啊，小孩子不好騙呢！

小淘，走！我們在家也能泡溫泉！

煮熱水泡溫泉，也一樣呀！

你這是要把我煮熟啊……

為什麼南極點四面的方向都是北？

向北轉。

哪裏是北？

你來地球這麼長時間了，還找不到北面嗎？

有個地方可以讓你永遠都能找到北面。

小淘說的就是南極點，那裏所有的方向都是北！

四面八方的方向都是北嗎？

地球的緯線表示東西方向，經線表示南北方向。

N W E S 經線 緯線

所有的經線都匯聚在北極和南極兩點，所以南極點是地球的最南端，北極點是地球最北端。

只有在這一點南極點上，四面才是北呀！

南極點

北 北

南極點是所有經線匯聚的最南端，它以外的地方都是北方。

布拉拉學會了舉一反三！真厲害！

那麼，北極點的四周都是南面吧？

提問！一架飛機能一直向南飛而圍繞地球一周嗎？

南極點

請向南飛。

我的四周都是北面，沒有南面。

……

答案是——不能！因為飛機飛過南極點之後，就是向北飛而不是向南飛。

我知道南極點有一個方向不是北面！

不可能！

小淘真聰明！

南極點的上方就不是北面呀！

好吧，算你贏了……

為什麼因紐特人要住冰屋？

考考你們，上聯是「巧婦難為無米之炊」，請對下聯。

良工難蓋無磚之房。多工整！我太有才華了！

不見得呢！因紐特人的冰屋就沒有磚。

那麼它們的房屋是木屋嗎？

我都說了是冰屋……

其實用來建造冰屋的冰塊，也可以當作是冰磚啦！

快告訴我，怎麼用冰磚建房屋呢？

我們剛到這裏，必須找到住的地方。

這裏什麼也沒有，只有用不完的冰，就用冰來建房屋吧！

大約公元前1,000年，因紐特人從亞洲遷徙到北美洲沿北極圈一帶後，發現這裏除了冰雪什麼也沒有，只好就地取材，用冰塊蓋房子。

因紐特人建冰屋的時候，先用長條冰塊圍成一個圓形，再用冰塊交錯疊成饅頭似的半球形，因為球形的空間大、節省材料，而且屋頂穩固，不需要額外支撐。

冰屋建好後，他們會在冰塊之間澆水。水很快凍結在一起，這樣一座密不透風的冰屋就建成了。

我在北極有新家了！

冰屋向外延伸的玄關（從進門到廳的一段空間），也可以防止冷氣入侵，並保證暖氣不外洩。

雖然冰屋裏不透風，可是住在裏面不冷嗎？

冰的導熱性很差，屋內的熱量幾乎不能通過冰磚傳導到屋外。

水凍結時會散發出熱量，相當於為冰屋加暖氣。

他們煮食用的油是鯨魚油和海豹油，沒有煙氣。

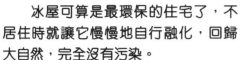

冰屋可算是最環保的住宅了，不居住時就讓它慢慢地自行融化，回歸大自然，完全沒有污染。

再見，我們要去別的地方建造新的冰屋了！

我一直想知道，冰屋裏有多暖和呀？

大約攝氏零下十幾度到零下幾度吧！

那麼還是很冷啊！

和屋外攝氏零下五十度比起來，已經很暖和了！

我想去北極住冰屋！

等你賺到路費再說吧！

為什麼
會產生極光？

嘩！這個畫面很美啊！

你怎麼知道的？

我知道，這叫極光。

這個節目昨天已經播過了。

那麼你知道極光是怎麼產生的嗎？

啊……我不知道呀！

哈哈，我知道呢！讓我告訴你吧！

我是強大的太陽！連我吹出的風都有巨大的能量！

各位同伴，地球磁場被我們打敗了，現在沿着磁力線，前進！

太陽內部時時刻刻都在不斷地進行劇烈的核反應，並向外高速發射帶電粒子流——俗稱太陽風，這是極光形成的一個必要條件。

地球磁場強大的時候，太陽風會被阻滯在地球大氣層外；太陽風強大時，這些粒子流就會沿着磁力線進入地球兩極地區。

我們去北極了，再見！

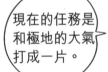

現在的任務是和極地的大氣打成一片。

這些帶電粒子流進入極地的大氣層後，會使大氣分子或原子激發或發生電離反應，並產生耀眼的光芒，這就是我們看到的極光。

「三個臭皮匠，勝過諸葛亮。」我們三個可以製造極光。

對，有我們三個的地方才會有極光。

不只是地球，只要有帶電粒子流、磁場、大氣這三個必要條件，其他的行星也可以形成極光，例如土星和木星。

跟我有什麼關係？

那麼為什麼叔叔不能產生極光呢？

可是沒有帶電的……

地球有大氣和磁場了。

有啊，叔叔會放電，所以頭髮才鬈曲吧？為什麼沒極光呢？

我哪裏會放電！

為什麼南極降水很少卻有很厚的冰層？

叔叔，我剛看了個笑話。有個小孩想長大後去考察南極，他為了鍛煉抗寒能力，每天吃三條雪條。

喂喂，外星人，有這麼好笑嗎？我在很久以前已聽過這個笑話了。

叔叔，我還沒說完呢！我長大了也要去考察南極。所以，叔叔……雪條……

雪條還是少吃吧。不過，現在我可以先和你們說一說南極的情況。

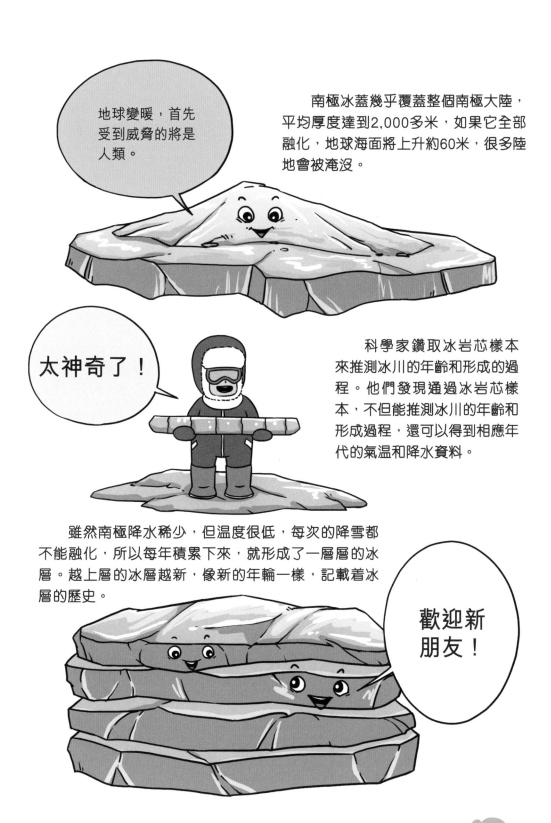

地球變暖，首先受到威脅的將是人類。

南極冰蓋幾乎覆蓋整個南極大陸，平均厚度達到2,000多米，如果它全部融化，地球海面將上升約60米，很多陸地會被淹沒。

太神奇了！

科學家鑽取冰岩芯樣本來推測冰川的年齡和形成的過程。他們發現通過冰岩芯樣本，不但能推測冰川的年齡和形成過程，還可以得到相應年代的氣溫和降水資料。

雖然南極降水稀少，但溫度很低，每次的降雪都不能融化，所以每年積累下來，就形成了一層層的冰層。越上層的冰層越新，像新的年輪一樣，記載着冰層的歷史。

歡迎新朋友！

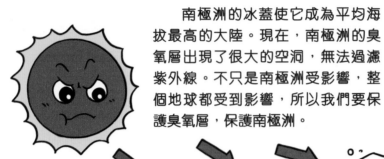

南極洲的冰蓋使它成為平均海拔最高的大陸。現在，南極洲的臭氧層出現了很大的空洞，無法過濾紫外線。不只是南極洲受影響，整個地球都受到影響，所以我們要保護臭氧層，保護南極洲。

我……我快承受不住了！

那麼冰蓋到底是怎樣形成的？

這就要靠你們將來去研究了，世界上有很多東西都是現時科學無法解釋的。

人類的知識就像手電筒一樣，永遠有它照不到的地方。

手電筒不行，就用日光燈吧！

最南和最北的城市

地球最南的城市是阿根廷的烏斯懷亞。烏斯懷亞是距離南極最近的城市，也是南極考察的重要補給基地。夏天時，這裏會有盛開的鮮花，一片生機盎然。

烏斯懷亞依山面海而建，城內有很多一、兩層高的小木屋，街道不算寬闊，但十分乾淨，是一個美麗的小城，每年都吸引不少遊客來旅遊。

挪威的朗伊爾城位於北極圈內，是地球最北的城市。春天和夏天是去朗伊爾城旅遊的好季節。

朗伊爾城就像一個小聯合國，居民來自42個國家。進入朗伊爾城不需要簽證，而且這裏收入高，納稅少，因而吸引了很多國家的人前來居住。

在朗伊爾城，患了絕症的人將被送離這裏。因為這裏溫度過低，屍體不會腐化，有科學家曾在存放於朗伊爾城的屍體上，發現了近1,000年前的流感病毒。

我有很多錢，我可以不離開嗎？

你去我的家鄉吧！那裏很窮，一個富翁也沒有呢！

這裏的居民都不出門啊！

冬天到來的時候，一部分居民會離開朗伊爾城，剩下的居民都會在室內工作和生活。

考考你

為什麼冬天時朗伊爾城有些居民會離開朗伊爾城，而剩下的居民會選擇留在室內呢？

答案：因為朗伊爾城在每年十月底至二月都會極夜，而且冬天的溫度和雪量都十分低，寒冷又危險，所以居民都會選擇留在室內。

為什麼珠穆朗瑪峯不是地球最高點？

你們知道哪裏是地球最高點嗎？

我知道，是中國與尼泊爾交界的珠穆朗瑪峯，海拔8,848米。

這個說法不完全對呢！珠穆朗瑪峯只是海拔最高峯，但不是地球最高點。

哪裏才是地球最高點？

就是它——欽博拉索山！

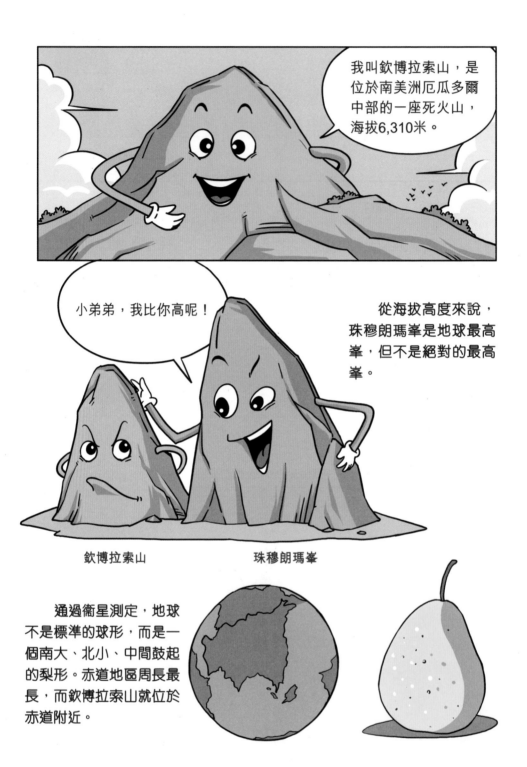

我叫欽博拉索山，是位於南美洲厄瓜多爾中部的一座死火山，海拔6,310米。

小弟弟，我比你高呢！

從海拔高度來說，珠穆朗瑪峯是地球最高峯，但不是絕對的最高峯。

欽博拉索山　　　　珠穆朗瑪峯

通過衞星測定，地球不是標準的球形，而是一個南大、北小、中間鼓起的梨形。赤道地區周長最長，而欽博拉索山就位於赤道附近。

考慮到地心距離，我實際上是高過你的，應該是我叫你小弟弟。

珠穆朗瑪峯距離地心約6,381.95公里，欽博拉索山距離地心約6,384.10公里，所以後者比前者高2.05公里。

欽博拉索山　　　　珠穆朗瑪峯

因此，從地心開始計算的話，地球的最高點是欽博拉索山。

欽博拉索山

謝謝大家，如果說我是地球最高點的話，是因為我站在赤道的肩膀上。

我一直以為地球的最高點是珠穆朗瑪峯，我沒聽過是欽博拉索山呢！它真的很「低調」！

對，大人物都像我這麼低調！

科迪勒拉山系是怎樣成為世界最長山系的？

上次我跟你們講解了世界上最高的山，誰知道世界上最長的山是什麼呢？

什麼？山西還是陝西？

我知道，是科迪勒拉山系。

是山系！即是指因為一定原因而聯繫起來，並按一定延伸方向組成、規模巨大的山脈綜合體。

科迪勒拉山系縱貫美洲大陸西部，綿延約1.5萬公里，是世界上最長的山系。

讓我告訴你們它是怎樣成為最長山系的。

這個山系的形成，主要是太平洋板塊和美洲板塊相互作用的結果。根據板塊構造學說，地球分成不同的板塊，板塊碰撞或分離時會產生巨大的能量。

由於大洋中脊不斷有岩漿流出，慢慢擠壓太平洋板塊向中脊兩邊移動，最終和其他板塊（包括美洲板塊）相撞。靠近美洲板塊的太平洋板塊部分下沉，美洲板塊上升，形成了巨大的科迪勒拉山系。

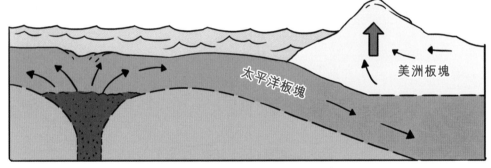

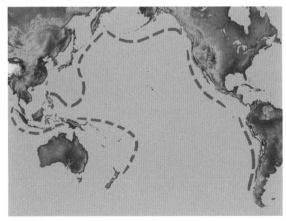

隨着科迪勒拉山系一起形成的，還有環太平洋火山地震帶。由於板塊運動，這一地區經常發生地震，還有許多火山噴發。

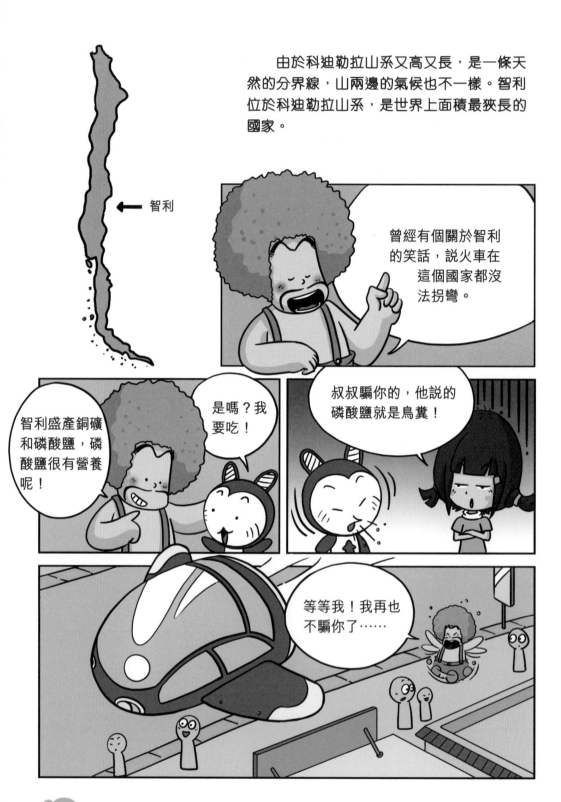

由於科迪勒拉山系又高又長，是一條天然的分界線，山兩邊的氣候也不一樣。智利位於科迪勒拉山系，是世界上面積最狹長的國家。

← 智利

曾經有個關於智利的笑話，說火車在這個國家都沒法拐彎。

智利盛產銅礦和磷酸鹽，磷酸鹽很有營養呢！

是嗎？我要吃！

叔叔騙你的，他說的磷酸鹽就是鳥糞！

等等我！我再也不騙你了……

為什麼死海不死？

嘩，好功夫，他們在水上漂呢！

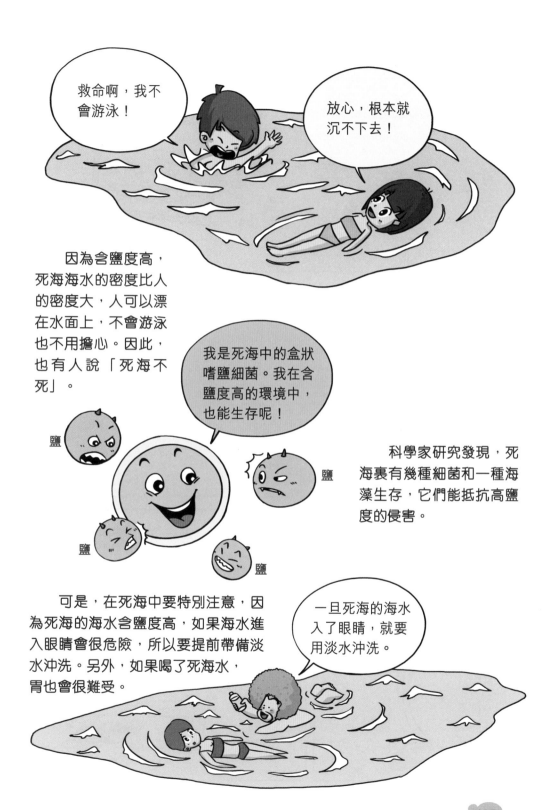

救命啊，我不會游泳！

放心，根本就沉不下去！

因為含鹽度高，死海海水的密度比人的密度大，人可以漂在水面上，不會游泳也不用擔心。因此，也有人說「死海不死」。

我是死海中的盒狀嗜鹽細菌。我在含鹽度高的環境中，也能生存呢！

鹽

鹽

鹽

鹽

科學家研究發現，死海裏有幾種細菌和一種海藻生存，它們能抵抗高鹽度的侵害。

可是，在死海中要特別注意，因為死海的海水含鹽度高，如果海水進入眼睛會很危險，所以要提前帶備淡水沖洗。另外，如果喝了死海水，胃也會很難受。

一旦死海的海水入了眼睛，就要用淡水沖洗。

125

近年來，因為各種人類活動，人對水的需求越來越大，流進死海的水越來越少，死海有可能會慢慢乾涸，那時死海就會消失了。

我最近越來越小、越來越瘦了。

我們要保護死海！

你們都是好孩子呢！我很欣慰。不如我們在這兒多待幾天吧？

哼！你是想在這裏玩樂吧！

你要是再亂説話，我就扣你工資！

為什麼地球上最熱的地方不在赤道？

哎呀，以後我要努力減肥了！胖子就是比較怕熱啊！

我沒覺得熱啊，在我們星球這算不上什麼。

好，那麼我就帶你去地球上最熱的地方！

我知道，不就是赤道嗎？有什麼了不起！

哦？你以為赤道是最熱的地方嗎？那裏經常下雨，氣溫並沒有那麼高呢！

我們一年四季都穿這樣的衣服。

警察叔叔，我們是氣流，不是汽車呀！

我是大自然的交通警察，你要遵守自然交通規則，請向右轉彎。

經線

經線

30°緯線　　　　30°緯線

赤道不是最熱的地方，這裏幾乎每天都下雨，就像有天然的灑水器來降溫，所以這個地區的氣溫很少超過35℃。

赤道地區受熱上升的氣流向南北極流動的時候，受地轉偏向力的影響（北半球右偏，南半球左偏），到緯度30度附近就和緯線平行了。

我是赤道來的。

我也是。

我也是。這裏太擠迫了，我們下去吧！

A

C

D

好主意！

從赤道來的氣流不斷發散，受到重力的影響後，在30度緯線附近沉到低空，低空中空氣聚集，就形成了兩個副熱帶高氣壓帶。

　　撒哈拉沙漠處於副熱帶高氣壓帶的控制之下，高溫少雨。地球上最熱的天氣記錄就在這裏產生——利比亞的阿齊濟耶，它的溫度曾達到58℃。

那麼熱啊！難道是火焰山嗎？

可能火焰山的原型就是這裏吧！

我要去找鐵扇公主借芭蕉扇，解救那個地方！

你又做英雄夢了！那是虛構的神話人物！你還是踏踏實實地看書去，增長一下知識吧！

為什麼美國是龍捲風最多的國家？

龍捲風很可怕，千萬不要發生在我們這裏呀！

美國經常有龍捲風，都沒說怕呢！你怕什麼？

美國每年都會有1,000至2,000個龍捲風，平均每天就有4、5個，被稱為「龍捲風之鄉」。

這不是什麼好名字呢！

看來美國人處於水深火熱之中啊！

不要亂用成語！

叔叔，為什麼美國會有這麼多龍捲風呢？

龍捲風是在天氣極不穩定的情況下，由空氣的強對流運動而產生的一種漏斗狀強風漩渦，伴隨有高速氣旋。龍捲風多發生在海上、草原和荒漠地區。

美國被太平洋、大西洋、墨西哥灣包圍，大量的水汽從東、西、南方包圍美國大陸，形成雷雨雲。雷雨雲積聚到一定強度後，就容易形成龍捲風。

有一種龍捲風帶有兩股以上、圍繞同一個中心旋轉的漩渦，稱為多漩渦龍捲風。這種強烈的龍捲風會對它經過的地方造成更大的破壞。

嘩！心形的龍捲風呀！

它的破壞力卻很驚人！

大自然在很偶然的情況下會產生奇觀，心形龍捲風就是其中之一。不過，這種奇觀的美與它們造成的破壞相比，就微不足道了。

因為強烈的龍捲風甚至能掀翻屋頂，所以龍捲風到來的時候，要盡量躲在地下室裏，千萬不要站在窗戶旁。

嗯，知道了，叔叔。

叔叔很厲害，什麼都知道。

啊！你今天有沒有刷牙？

其實我也會製造龍捲風呢！

世界上面積最大和 面積最小的國家

俄羅斯

中國

俄羅斯是世界上面積最大的國家，面積約1,700萬平方公里，大概是中國國土面積的1.8倍。人口約1.43億，當中俄羅斯人約佔80%，一萬人以上的少數民族有五十多個。

莫斯科是俄羅斯的首都和最大的城市，是俄羅斯政治、經濟、文化和交通中心，有著名的紅場和克里姆林宮。

俄羅斯油田

俄羅斯自然資源豐富，天然氣和鐵的儲量是世界第一多的，煤、鋁的儲量是世界第二多的，而石油、森林、水資源也相當豐富。

俄羅斯大部分地區常年寒冷，形成了俄羅斯美食的兩個特點：肉多，油厚。有些俄羅斯人會以飲酒來保暖，所以有著名的烈酒伏特加。

梵蒂岡

梵蒂岡是世界上面積最小的
國家，面積只有0.44平方公里。
梵蒂岡位於意大利首都羅馬的西
北方，是名副其實的城中之國。

雖然梵蒂岡面積小，但有自己
的貨幣、郵政、電台、報紙等，也有
警衞部隊，還向160多個國家派駐使
節。

梵蒂岡是羅馬教廷的所
在地，教宗為國家元首，它
是天主教徒心中的聖地，在
全球有重要影響。

135

聖伯多祿廣場是梵蒂岡最大的廣場，可以容納
超過30萬人。

想一想

本書介紹了不少國家或城市，哪一個是你最印象深刻的？為什麼呢？

美麗的小屋

地球經歷了多年的變化，現時已滿布了由磚、瓦、木等建造的房屋。
一起來摺出一間小屋吧！說不定還可以摺出一個小村莊、小城市呢！

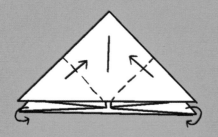

1. 先準備一張正方形紙，再摺成雙三角形。兩角再向中心摺，背面相同。

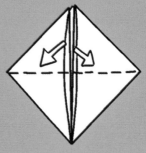

2. 拉摺兩角，背面相同。

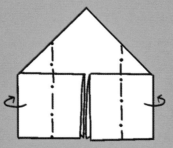

3. 沿圖中虛線向後摺，背面相同。

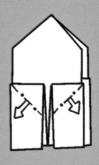

4. 沿圖中虛線拉摺兩角，背面相同。

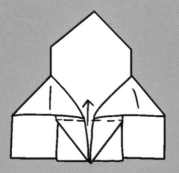

5. 沿圖中虛線向上摺。

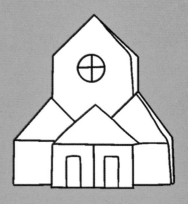

6. 畫上門窗，小屋就完成了。

科普漫畫系列

趣味漫畫十萬個為什麼：地球篇

編　　繪：洋洋兔
責任編輯：葉楚溶
美術設計：陳雅琳
出　　版：新雅文化事業有限公司
　　　　　香港英皇道 499 號北角工業大廈 18 樓
　　　　　電話：（852）2138 7998
　　　　　傳真：（852）2597 4003
　　　　　網址：http://www.sunya.com.hk
　　　　　電郵：marketing@sunya.com.hk
發　　行：香港聯合書刊物流有限公司
　　　　　香港荃灣德士古道220-248號荃灣工業中心16樓
　　　　　電話：（852）2150 2100
　　　　　傳真：（852）2407 3062
　　　　　電郵：info@suplogistics.com.hk
印　　刷：中華商務彩色印刷有限公司
　　　　　香港新界大埔汀麗路 36 號
版　　次：二〇一八年九月初版
　　　　　二〇二四年一月第七次印刷
版權所有・不准翻印

ISBN: 978-962-08-7125-2
Traditional Chinese edition © 2018 Sun Ya Publications (HK) Ltd.
18/F, North Point Industrial Building, 499 King's Road, Hong Kong
Published in Hong Kong SAR, China
Printed in China

本書中文繁體字版權經由北京洋洋兔文化發展有限責任公司，
授權香港新雅文化事業有限公司於香港及澳門地區獨家出版發行。